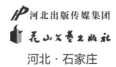浪花朵朵

动物请回答：你怎么出生的？

[法]弗朗索瓦兹·德·吉贝尔　[法]克莱蒙斯·波莱特 著

刘雨玫 译　浪花朵朵 编译

河北出版传媒集团

花山文艺出版社

河北·石家庄

大山雀

大山雀头部漆黑、脸颊雪白，人们很容易辨认出它们。

当春天来临，雄鸟就会鼓起胸膛吸引雌鸟。它们结成一对后，雌鸟就会在树洞、
人工鸟巢或信箱中筑巢，并在巢中垫满青苔。而雄鸟会在一旁高歌，守护自己的小家园。

会孵蛋

到了五月，雌性大山雀会产下大约七颗点缀着褐色斑点的白色鸟蛋。它会一直坐在巢中，使鸟蛋时刻保持温暖。而雄性大山雀则负责为雌鸟带来食物。大约十四天后，雏鸟纷纷破壳而出。紧接着，它们的爸爸妈妈就要飞来飞去，一趟趟地用毛毛虫喂养孩子，真是辛苦呀！

黑毛蚁

你见过长着翅膀的蚂蚁吗？那是雄蚁与未来的蚁后，
它们在空中飞舞着交配完后，雄蚁便会死亡，而蚁后的翅膀会脱落。
然后，蚁后会在地下挖洞、产卵，并造出一个全新的蚁穴。

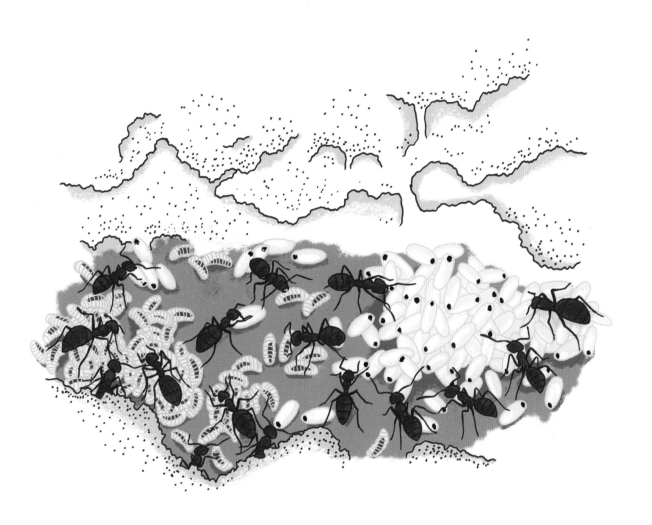

会搭建蚁穴

蚁后会将第一代工蚁喂养大。在之后的大约十五年间，蚁后唯一的任务便是产卵。
工蚁负责保护蚁后、清扫环境、搬运蚂蚁卵，还会哺育孵化出来的白色幼蚁。
孵化出的幼蚁会结成蛹，再羽化为成蚁。

散大蜗牛

从两岁起，蜗牛就有生育能力了。它们是雌雄同体的，每一只都能够产卵。
当春天来临，它们就会"拥抱"在一起进行交配。
两周后，双方都会花上几个小时在地上挖洞，
并在洞中产下大约八十枚卵。它们把卵埋好之后就会离开。

在疏松的泥土中出生

每一枚埋在泥土下的卵中，都孕育着一只蜗牛宝宝。

四周过后，小蜗牛便会从卵中钻出来，在地下没有光线照射的地方待上几天。

它们只有当夜幕降临时才会出来，因为初生的小蜗牛承受不住阳光的炙烤。

这几周内小蜗牛会吃下大量的植物，背上的壳也会慢慢变硬。

家猫

猫咪不满一岁就可以进行交配了。
母猫会在夜里大声嚎叫，引来雄性。每一次交配都有可能会让母猫怀上一只小猫，
这就是为什么同一窝出生的小猫咪可能会有不同的爸爸。
大约九个星期之后，猫妈妈会找一个僻静的地方，生下小猫。

一出生就是毛茸茸的

小猫咪出生时身体就已经完全成形了。
不过眼睛还暂时睁不开，听力也不好。
初生的那几天，母猫会寸步不离地守着它的宝宝们。当小猫喝奶时，
会发出"呼噜呼噜"的声音，并且用前爪来回踩母猫的肚子，来刺激乳汁分泌。

中麝鼩

中麝鼩生活在花园里，看起来像一种鼻子长长的小老鼠。

在三月到六月间，雄性会释放出强烈的气味吸引雌性。

它们一年最多能生下四窝宝宝，每窝有三到五只。

中麝鼩属于哺乳动物，胎儿会在妈妈的子宫里发育一个月后出生。

在家人的呵护下长大

中麝鼩宝宝在出生时没有视力，而且光溜溜的，没有毛发。它们待在温暖的小窝里，
靠母乳喂养长大。父母双方都会照料宝宝，有时年长一些的中麝鼩也会帮忙：
哥哥姐姐们会让小宝宝躺在自己身上，用体温让它暖和起来。当宝宝们长大到能离开窝活动了，
就会排着长长的队一起出门，后面一只咬着前一只的尾巴，以免迷路。

黄边胡蜂

春天，在洞中冬眠的幼年蜂后苏醒过来，纷纷飞出去寻找枯树、屋檐或阁楼，
并在那里搭建一座纸浆做成的小巢。蜂后在建造出的大约十格蜂房中各产下一枚卵，
然后开始喂养出生的第一批幼虫，也就是未来的工蜂。

在蜂巢中出生

幼虫会一直待在蜂房中，直到它们变为成虫。接着，这些年轻的工蜂便会忙着扩建蜂巢，
也负责保护蜂巢的安全。等到秋天来临，蜂巢就能容纳下近千只胡蜂。
工蜂的寿命只有短短几周，然后便会被新出生的工蜂所替代。

jiá
孔雀蛱蝶

在度过漫长的严冬之后，这种外形瑰丽的蝴蝶终于迎来了春天！
在晴朗的天气里，孔雀蛱蝶翩翩起舞、吸食花蜜，
然后开始交配。交配后，
雌蝶会在荨麻叶片下产下 500 多枚密密麻麻的、小小的卵。

幼虫和成虫形态不同

出生的幼虫大口享用着荨麻叶，它们约 3 毫米的体形在一个月内就能长大十倍。
然后，它们会找到一根合适的枝干，静静地附着在上面，等待外皮变硬，慢慢化成蝶蛹。
两周之后，美丽的蝴蝶就会破茧而出。这时，蝴蝶需要花上约两个小时等待湿漉漉、
皱巴巴的翅膀变干，然后就可以展翅高飞了。

róng yuán
蝾 螈

蝾螈是两栖动物，大多有着黑色皮肤，上面点缀着黄色斑点，
一辈子都在它出生的潮湿地带度过。蝾螈长到 4 岁左右，就能开始繁殖了。
它们会在夏季到来时在陆地上进行交配。几个月之后，雌蝾螈会在浅水中产下幼崽。

在水中开始一生

蝾螈宝宝头部后方有鳃，背上长着鳍，用于在水中呼吸和游动。

在变为成年形态之前，小蝾螈会吃掉大量的水生昆虫。

最终，成年蝾螈的鳃和鳍会消失，四肢与肺部发育完成。这样一来，它们离开水也能生活了。

绿头鸭

绿头鸭是种十分常见的动物。雄鸭的羽毛会呈现绿色与紫色的光泽，
非常美丽。冬天的时候，它们会在水中巡游：
伸长脖子，张开翅膀，拍打着水面，引来雌鸭与自己交配。
之后，雌鸭会躲在地面上的枯草和芦苇丛中，独自筑巢。

游来游去吸引雌性

接下来大约十天中，雌鸭每天都会在巢中生下一个蛋，等所有蛋下完后再进行孵化，
这样就可以让小鸭同时出生了。那一身棕色的羽毛是雌鸭的保护色，让它与环境融为一体。
约 28 天后，小鸭便会破壳而出。它们出生时便毛茸茸的，
能自己行走、游泳、觅食，但还需要母亲的看护。

林蛙

呱！呱！呱！多么热闹呀！在冬天快结束时，雄蛙便会成群结队地聚在一起高歌，呼唤雌蛙。
它们的繁殖过程在水中进行：雌蛙会在水中排出成千上万的卵，接着雄蛙排出精子使卵子受精。
然后，父母便丢下蛙卵离去，留下一层裹着果冻状膜的受精卵在水面上漂浮。

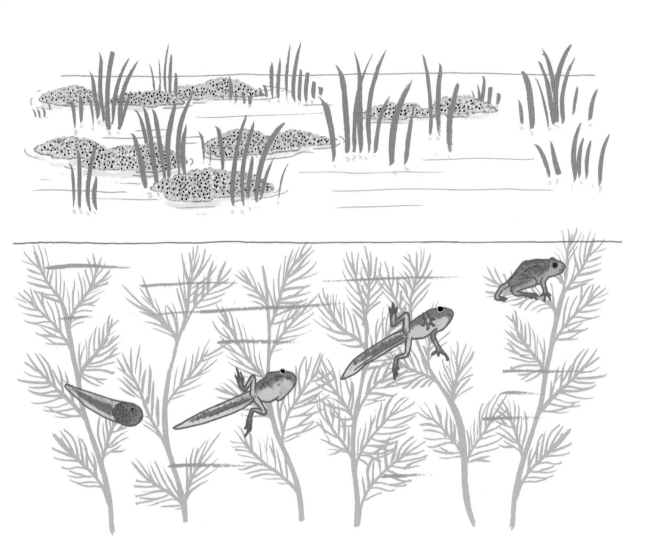

丢下蛙卵离去

如果这些卵有幸不被鱼吃掉，那么它们就会在两周后发育成小蝌蚪。
蝌蚪通体黑色，有尾巴，但是没有腿。它们生活在水中，以水草为食。
大约十周之后，小蝌蚪就会长成幼蛙，从池塘中钻出来捕食了。

蜻蜓

成年蜻蜓只能存活几个月，它们会在这短暂的时间内进行繁殖。

在雌蜻蜓与雄蜻蜓交配时，它们会头尾相连，形成一个爱心的形状。

一旦交配完毕，雌蜻蜓就会飞走产卵。它通常会将产卵器（位于腹部末端的针状器官）

扎进水生植物的茎中，注入一百多枚卵，然后离开。

在水下出生

从卵中孵出的蜻蜓幼虫会用鳃呼吸，以小鱼和蝌蚪为食。

接下来的几个月，它会躲入水下过冬。它的成长速度很快，翅膀会在十二次蜕皮后出现。

等到春天来临，再爬出水面，来到空中，依附在植物茎秆上。

然后，幼虫外壳的背部会裂开，一只成年的蜻蜓从中羽化而出。

黄喉蜂虎

这种美丽的鸟儿会毫不惧怕地吞下黄蜂！春天，黄喉蜂虎出双入对。
在交配前，它们会并排栖息在高处。雌鸟会在前一年生出的幼鸟的帮助下，
在河岸上挖出隧道并在洞中下蛋。鸟蛋由父母双方共同孵化。

在洞里下蛋

大约七只幼鸟会在二十天后破壳而出。它们身子光溜溜的，没有行动能力。
不过在父母的辛勤哺育下，它们一个月后就可以进行初次飞行。等幼鸟准备好了，
整个鸟群会一起离开繁殖地，迁徙到南方过冬。

林鼬

林鼬脸上的花纹好像强盗的眼罩一样。这种食肉动物只在夜里活动，
因此人们并不经常见到。通常来说，它们是独自生活的。
到了春天，雄鼬和雌鼬会短暂地相遇，并进行繁殖。雌鼬会在树洞中准备好一个由干草、
羽毛和绒毛制成的窝，并在窝中产下五到十只林鼬宝宝。

藏在窝中

刚出生的林鼬宝宝都还闭着眼睛，身上覆着一层白色的绒毛。和所有哺乳动物一样，
林鼬宝宝会吸食母乳。但到了第三周，林鼬妈妈就会为它们带来肉食，
然后带它们外出打猎。等孩子们长到三个月大的时候，
林鼬妈妈的态度就会变得十分凶狠，逼迫它们离开，去寻找自己的领地。

产婆蟾

雄性产婆蟾会发出猫头鹰般的歌声来吸引雌性。
交配后，它们会亲自照顾雌性产婆蟾产下的串珠似的卵。长达几个星期的时间里，
产婆蟾爸爸都会把卵夹在后腿之间，以保护它们不受天敌伤害。
如果天气干燥，雄蟾还会负责将卵浸湿。

将卵夹在后腿之间

一旦觉察到卵中有动静,这位了不起的产婆蟾爸爸就会跳进池塘中。
卵壳会在水中溶解,小蝌蚪纷纷涌出,在水中过上自力更生的生活。
一个月之后,它们的体形会变得比父母还大。接着,它们会不吃不喝,
等到完全变为成年形态后就从水中离开。

欧亚野猪

秋天的树林深处，两只公野猪会为了争夺一只母野猪而打斗，有时甚至会见血。
最后的胜者才有资格成为父亲。而母野猪会用一大堆青苔和干草做成窝，
为即将出生的宝宝做准备。

为争夺雌性而战

小野猪身上的花纹仿佛条纹睡衣，非常可爱。这身皮毛是它完美融入森林的绝佳伪装。
等到小野猪一个月大的时候，野猪妈妈就会加入母野猪组成的猪群中。
大约八个月大时，小野猪便成年了。成年野猪体重有近 100 千克，皮毛颜色也变得更深。

马鹿

成年雄鹿的头上长着鹿角，每年都会掉落，等来年春天再长出来。

每年九月底，雄鹿就会发出吼叫声，吸引雌鹿前来交配。

雄鹿常常会为争夺配偶展开争斗。交配完毕后，它们会再次回到独自生活的状态。

在交配的季节发出吼叫

在妈妈的子宫里发育一段时间后，小鹿会在春天诞生。

刚出生的那几天，它会出于本能，一动不动地躺着。前八个月小鹿都以母乳为食，

八个月之后它就可以吃草和树叶了。到了一岁左右，年轻雄鹿的头上就会长出第一对鹿角。

大杜鹃

当春天来临，雄鸟就会"布谷，布谷"地叫着呼唤雌鸟。雌性大杜鹃会不停地下蛋：
一旦它发现了其他鸟儿的巢，就会趁主人家不在的时候，在巢中产下一个自己的蛋。
它的蛋看上去和鸟巢中原有的蛋十分相似，鸟巢的主人因此不会察觉。

抢占其他鸟儿的巢

大杜鹃蛋的孵化过程非常迅速，刚出生的大杜鹃会本能地用背部把巢中其他的蛋推出去。
养父母辛劳地一趟趟捉来小虫哺育大杜鹃的雏鸟。直到某一天，
大杜鹃的雏鸟会长得比养父母还大上许多。等到十月，它便会抛弃养父母，飞往南方。

萤火虫

萤火虫是一种甲虫,而不是蠕虫。雄性萤火虫的身上披着甲壳,长着翅膀,有双大大的眼睛。
而雌性的外观则与幼虫相似,没有翅膀。但雌性萤火虫能发出比雄性更亮的光,
因此在夏季的夜晚,飞在远处的雄性萤火虫就能很容易地找到它们了。

在黑夜中闪闪发光

雌性萤火虫会将卵产在植物上，这些卵也会发出微弱的光。破卵而出的幼虫也散发着微光，
它们会躲入地下过冬，等春天来临时再从土中出来，发育成熟，变为成虫。
这些幼虫以小蜗牛为食，它们会先将蜗牛麻痹，然后再吃掉。

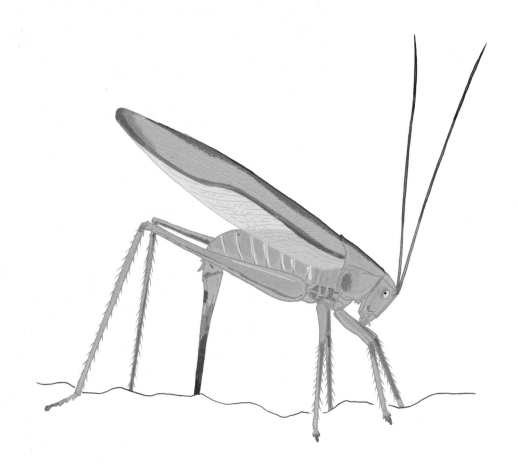

zhōng
螽斯

螽斯的头上有着长长的触角，非常容易辨认。到了交配的季节，
雄性螽斯就会摩擦坚硬的前翅，发出嘹亮的声音来吸引雌性，这就是人们常听见的蝈蝈叫声。
雌性螽斯的身体后部长有一根刺状的产卵器，用来将产出的卵直接注入地下。

将卵产在地下

雌性螽斯会在地下排出一百多枚棕色的、坚硬的卵。到了春天，螽斯幼虫从卵中孵化出来。
不过与其他昆虫不一样的是，它们一出生就已经很像成虫的模样了，只是没有翅膀。
螽斯幼虫需要经历六至七次的蜕变，最终达到成虫的大小。

水游蛇

水游蛇是一种无毒蛇，总睁着一双圆溜溜的眼睛。它需要生活在温暖的环境中，
冬天来临时，就会躲进洞中冬眠。等到某一个温暖的春日来临，水游蛇会从睡眠中醒来，
聚集在一起进行交配。到了夏天，雌蛇就会找一个温暖湿润的地方产卵，
然后回到独自生活的状态。

会下蛋

根据气温不同，雌蛇产下的大约七十枚卵会在一至两个月后孵化。
幼蛇与它们的父母外观十分相似，不过比起一米多长的成年水游蛇，
幼蛇的身长短得多，只有约二十厘米。破壳而出后，
小蛇就会四下散开，开始它们的独立生活。

瓢虫

瓢虫可以帮助防治蚜虫，对园丁来说是贴心的帮手！

入冬后，瓢虫就会躲在树皮或石头下睡觉。

春天到来时，瓢虫会进行交配。雌虫会产下小型的、黄色的卵，这些卵以约二十个为一组。

不过瓢虫并不是随处产卵的！它们会挑选出有蚜虫附着的植物，再将卵产在上面。

在蚜虫旁边产卵

瓢虫的幼虫孵出来后，就会把面前遇到的蚜虫吃个一干二净。它们一天天长大，
总共会经历四次蜕皮：将过小的旧外皮蜕下，让新的长出来。
最终，它们会一个个依附在叶子上，并结出蛹来。
瓢虫在蛹中不断发育，一周后成虫就能羽化出来，并有能力飞行了。

xiāo
纵纹腹小鸮

这种小猫头鹰的身高大概有两个苹果叠起来那么高，在人类出没的地方生活。

它们一生保持忠贞，夫妻之间常常互相轻啄、亲吻、为对方梳理羽毛。

到了冬天，雄性纵纹腹小鸮会捉来田鼠送给雌性，还会寻找树洞，在里面搭巢。

四月到来时，雌性纵纹腹小鸮就会生下约四颗乒乓球大小的、白色的蛋。

会孵蛋

全身雪白的雏鸟从蛋壳中钻出来后，纵纹腹小鸮妈妈就会趴在它们身上为它们取暖，
而爸爸则承担起了喂养一家子的责任。等长到三周大，
幼鸟就能用爪子抓住巢边爬来爬去，玩起保持平衡的游戏了。
但它们可不能掉下去！因为要等到一个月之后，幼鸟才能学会飞翔。

欧洲深山锹形虫

_{qiāo}

这种锹形虫可以长到十厘米以上，是欧洲最大的昆虫。

雄虫的上颚非常壮观，看上去像是鹿角，有时候会在搏斗时被当作武器使用。

锹形虫的一生非常短暂，它们笨拙地飞行着寻找伴侣的踪影。

雌虫体形较小，但一旦受到打扰，它就会毫不留情地向敌人咬下去！

长时间保持着幼虫形态

幼虫从埋在地下的卵中孵化出来后，要花上大约四年的时间才能发育成蛹的形态。
在这期间，幼虫以腐烂的木头为食。接着，它会待在自己做出的蛹室里，
缓慢地变化为成虫。次年夏天，它才会从土中钻出来，准备繁殖。
成虫几乎不会进食，主要以体内储备的营养为生。

普通滨蟹

在布列塔尼大区（法国西北部地区）的海滩上，经常能看到这种"横行霸道"的生物。

在夏季，雄蟹会把雌蟹抓住，一直等待它蜕皮、脱壳。在雌蟹新长出的壳变硬之前，

雄蟹趁机将精子存入雌蟹身上一个特殊的小洞中。几个月后，雌蟹就会产下超过十万枚卵，

这些卵在整个冬季期间都会粘在雌蟹的肚子下面。

在涨潮时出生

普通滨蟹的幼体会在春季涨潮时孵化出来。

它们会在即将退潮时全部聚集在一起，这样就能被潮水带向深水区。

它们在水中一天天长大，以各种浮游生物为食，直到长成小螃蟹的模样。

之后，它们会趁着涨潮回到沙滩上，在那里吃着贝类继续长大。

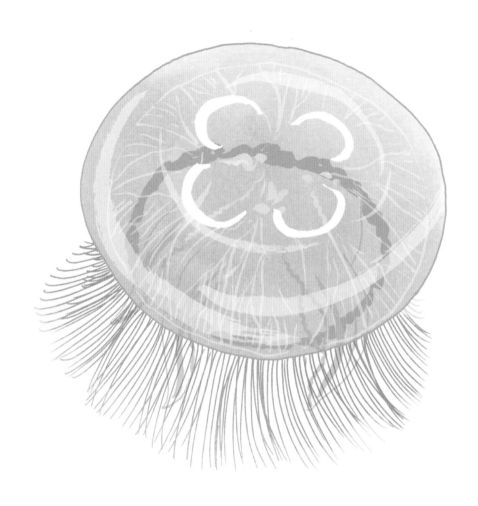

水母

水母过着群居生活。在夏季,雄性会将精子排入水中,
而雌性则会制造出水流,将精子吸入伞状体下面。
几天之后,成千上万的卵子完成受精,长成水母幼体,
雌水母再将它们放回充满浮游生物的水中。

会经历多个发育阶段

人们肉眼很难看到这些水母幼体，它们中很大一部分会被天敌吃掉。
而幸存下来的那些幼体会停留在水底，长成一厘米高的水螅体，水螅体上长有触手。
春天，每个水螅体都会分化成几只碟状幼体，互相堆叠在一起。到了五月，
它们便会分离开来。等到夏天，它们就发育为成年水母了。

石斑鱼

初夏时节，在地中海沿岸，
在群体中处于首领地位的雄性石斑鱼会把竞争者赶离自己的领地，
并在一群雌鱼面前游来游去，进行求偶。雌鱼会产下受精卵，每颗卵中都含有一个油球，
能使它们漂浮在水中。然后，水流会将这些受精卵带向大海深处。

会改变性别

一旦小鱼从卵中孵化出来，科学家们就很难再找到它们的踪迹。直到两个月后，
已经长到两厘米长的小石斑鱼再次出现，沿着海岸线游动。随着石斑鱼一天天长大，
它们在水体中栖息的位置也逐渐向底层移动。当石斑鱼 5 岁的时候，
会发育成约 40 厘米长的成年雌鱼。而 4 年之后，9 岁的石斑鱼性别会转换为雄性！

海马

海马是一种非常神奇的生物。雄海马会高高鼓起肚皮，在雌性面前游来游去，
邀请对方共舞：它们会互相轻抚、鼻尖相碰、扭动身体、尾巴交缠在一起。
看起来就像在跳真正的芭蕾舞！最后，它们互相紧贴着交配。
雌海马会将卵子排入雄海马肚子上的囊袋里，因为孵化后代这一重任是由父亲负责的！

是一位了不起的爸爸

一个月后，雄海马的身体强烈收缩，
接近 1800 只约 15 毫米的小海马宝宝会从雄海马的囊袋中同时排出。
它们一出生就可以四处游动，以各种微生物为食，不再需要爸爸的照顾了。
在生命最初的几个月里，小海马的颜色会发生好几次变化。

宽吻海豚

你知道吗？海豚并不是鱼，而是一种需要呼吸空气的哺乳动物。
这些大型生物的身长可以超过 3 米，它们过着集体生活，互帮互助。
等到了春天，雄海豚与雌海豚就会在一起温柔地进行交配。
接着，雌海豚会在子宫里孕育宝宝，孕期长达一年。

在水下出生

刚出生时，海豚宝宝只有约 70 厘米长。它的尾巴是最先被生出来的。
等母亲产下海豚宝宝后，就会将它翻转过来，弄断脐带，
并推上水面进行生命中的第一次呼吸。出生后的一年半内，
小海豚都以母乳为食。而其他的雌海豚也会在头几个月里为它保驾护航。

北极燕鸥

这种体形较小的海鸟一生只有一个伴侣，它们每年都会在极北地区相聚、筑巢。
它们会在靠近海边的地上挖出一个窝，在窝中铺上草。然后在接下来的约二十天里，
双方会轮流孵蛋。燕鸥群中有一名负责看守的"哨兵"，一旦它发出警报，
所有燕鸥便会开始攻击敌人。

出生不久就开始了旅行

北极燕鸥雏鸟刚出生时，身上已经长出了一层绒毛。之后的一个月，
父母会不断地为它送来鱼等食物，并教它如何掠过水面捕捉鱼类。
北极燕鸥属于候鸟。等到夏天结束，幼鸟便会与家人一起飞往南方，
进行一场为期四个月、长达 17500 千米左右的神奇之旅。

章鱼

章鱼和蜗牛一样，都是软体动物。不过与蜗牛不同的是，
章鱼生活在海中，体重能达到近十千克，还长着八条长长的触手。
它们常将自己与海底融为一体，作为伪装。章鱼的繁殖过程都是远程进行的：
雄章鱼会将携带精子的第三条触手伸向雌性，并将精子放入雌章鱼的外套腔内。

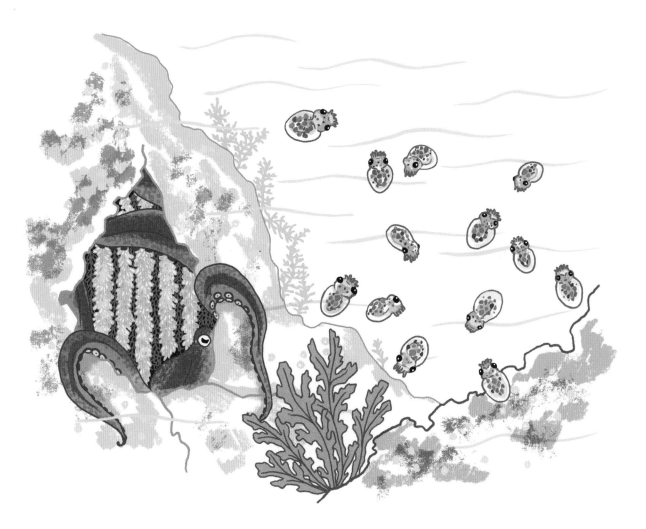

时刻守护着自己的卵

雌章鱼将卵产在洞中，然后耐心地看守着安放在洞穴顶部的 10 万至 50 万枚卵，

每一枚卵只有约两毫米长。接下来的 24 天至 125 天内，

雌章鱼会时刻守护在这些卵旁边，不断地用洞中的水流搅动着卵，

直到它们孵化为止。小章鱼终于诞生之后，长时间没有进食的雌章鱼便会筋疲力尽而死。

波鳐

在深水之下，藏着一种名为波鳐的大鱼。
它的身体扁平，长有翅膀一样的鳍。它生活在靠近海岸的水底沙地中，
最大可达到一米多长。交配的时候，雄性鳐鱼会与雌性鳐鱼肚子贴着肚子。
20 天左右之后，雌性鳐鱼会产下约 80 枚形状怪异的卵。

产下的卵被保护得很好

你有没有在沙滩上看见过一种又硬又黑，四角尖尖，
像胶囊一样的长方形物体？那就是波鳐卵的保护壳。
这种壳中储存着食物，能为波鳐卵提供 3 个月成长所需的营养。
刚出生的时候，波鳐宝宝只有大约 14 厘米长。

银鸥

你或许在海边甚至城市里见到过这种大鸟。
银鸥一旦结成伴侣，一辈子都不会分离。到了四月，
雌性银鸥会生下一至三颗蛋，然后孵蛋一个月左右，直到小银鸥出生。
银鸥的巢由树枝、海藻和草叶制成，建在布满岩石的小岛、悬崖或建筑物的房顶上。

忠贞不渝

雄性和雌性银鸥会共同看护、喂养它们的孩子。为了讨吃的，
小银鸥会用嘴巴啄着父母喙上的红点，这样爸爸妈妈便会把食物从胃里再吐出来，
喂给孩子。这个过程就像自动食物贩卖机。小银鸥长到和父母一样大小之后，
它们那身点缀着褐色斑点的白色羽毛要再过四年才能变成成鸟的颜色。

竖琴海豹

这种小海豹的体重足足有一百多千克，它长着尖尖的鼻子和长长的胡须。
雄海豹与雌海豹通过发出叫声和晃动身体来进行交流。
它们会在水中交配，雌海豹的孕期将近一年。
等到二月，雌海豹会回到浮冰上，并在那里生下宝宝。

生下了纯白的宝宝

刚出生的前两周，竖琴海豹宝宝浑身的皮毛都是雪白色的。这些白毛能够吸收阳光，
并将热量传递到它深色的皮肤中，让小海豹的身体时刻保持温暖。
出生时，小海豹的体重只有妈妈的十分之一，但它每天吸收的母乳中营养丰富，
所以小海豹很快就会长大，变得胖乎乎的。

尼罗鳄

尼罗鳄是世界上较大的爬行动物之一，体长最长可达 6 米，相当于一辆汽车的长度！
雌性鳄鱼会根据自己的喜好选择雄性。之后，它们会先一起转着圈游泳，弄出泡泡，
发出叫声，然后再进行交配。接着，雌鳄鱼会产下大约五十颗白色的蛋，
并将它们埋在河边。雌鳄鱼会在一旁看守三个月，直到小鳄鱼出生。

将宝宝咬在嘴里

一旦听到宝宝发出叫声，雌性鳄鱼就知道时候到了：它会把蛋从沙子中拨出，
帮助宝宝从蛋壳里钻出来。刚出生时，鳄鱼宝宝的身长只有 30 厘米左右。
鳄鱼妈妈会将它们轻轻地咬在嘴里，一起带到水边去。
最初，小鳄鱼会吃飞虫和蠕虫，然后渐渐地转变成以鱼肉为食。

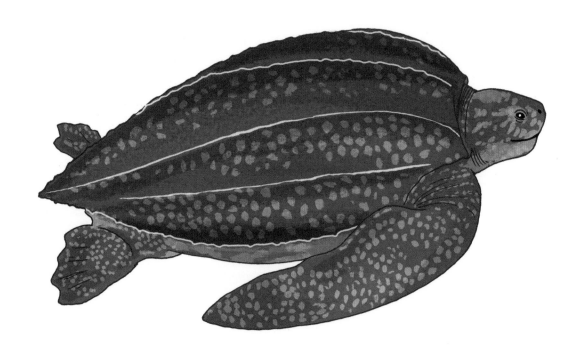

棱皮龟

棱皮龟体重可达 500 千克，是所有龟类中体形最大的。它生活在辽阔的海域中，
当产卵时会回到岸边。趁着夜色，雌龟会爬上沙丘，挖出一个深深的洞，
在里面生下一百多颗蛋。接着，它会用沙子把蛋埋住，
再花上好几分钟把沙子压实，然后不留痕迹地离开。

把蛋埋进沙里

两个月之后，小龟破壳而出。

它们的体重只有龟妈妈的百分之一，非常容易成为鸟类和螃蟹的盘中餐。

因此，小龟必须拼尽全力快速爬向大海。有人认为，

棱皮龟会根据太阳和月亮在水面反射出的光线来判断方向。

鸭嘴兽

鸭嘴兽只生存在大洋洲。它们长着鸭子一样的嘴，海狸一样的尾巴以及带着蹼的脚，
可以说是长得最奇怪的动物了！鸭嘴兽的奇特之处还不仅于此：它虽然是哺乳动物，
但会像鸟类一样产卵。雌性鸭嘴兽会将卵在腹中孕育一个月左右，
它们将卵产下之后，会在水边的巢穴中孵化约十天。

会下蛋

刚出生时，鸭嘴兽宝宝的体长不到 0.5 厘米。它们眼睛看不见东西，身上也光溜溜的，
只能时刻紧抓着雌性鸭嘴兽，依靠母亲来保护和照顾。雌性鸭嘴兽并没有乳房，
母乳是通过腹部两侧皮肤上的毛孔流出来的。长到四个月大的时候，
小鸭嘴兽才会从巢穴中离开。

袋鼠

这种强壮高大的动物来自澳大利亚，身高超过 1.5 米，蹦跳着进行移动。
公袋鼠的体形比母袋鼠大得多：公袋鼠平均体重能达到 65 千克，
而母袋鼠平均体重只有 25 千克。在繁殖期间，公袋鼠的脾气会变得暴躁，
它们会借助尾巴站立，使出拳头相互打架。

把宝宝装在育儿袋里

母袋鼠的肚子上有一个育儿袋，小袋鼠从一出生起就会待在里面，
这时小袋鼠的体重还不到 1 克呢！小袋鼠会顺着妈妈在皮毛上留下的唾液痕迹，
钻进育儿袋，并用爪子紧抓着妈妈的毛发。
小袋鼠会在这个育儿袋里一天天长大，以妈妈的奶水为食，一直持续八个多月。

孔雀蜘蛛

这种小型的跳蛛来自澳大利亚，非常迷人。雄蛛身上的毛色非常鲜艳：红色、蓝色、黄色、橙色，宛如孔雀的羽毛一般五彩斑斓。和孔雀一样，雄蛛也会在雌蛛面前炫耀自己的美丽。

在三月至四月期间，雄蛛会跳起像模像样的舞蹈：一边展示着身上缤纷的色彩，

一边在空中踢着腿。

用跳舞来求偶

如果雌蛛被雄蛛成功吸引，就会同意与其交配。但如果失败了，雄蛛就有可能被它吃掉。

为了产卵，雌蛛会准备好一个茧，将自己和卵一起裹在里面。

卵会在夏天被孵化出来。小蜘蛛一出生就是毛茸茸的，不过毛发颜色暗淡。

接下来的六个月中，它们会不断地蜕皮，每一次都会把自己在茧中关上几个星期。

亚洲象

比起远在非洲的"亲戚"们，亚洲象的体形较小，
耳朵更短，其中只有雄象长着长长的象牙。
雌象会带着小象一起在象群中生活，而象群中最为年长的象会成为首领。
只有在交配时，雄象才会接近雌象。

长时间守护着小象

亚洲象每胎只会产下一只幼崽，小象在妈妈的子宫内孕育一年半以后才会出生。
一出生，它就大约有 100 千克重了！到三岁为止，小象都会用嘴巴吮吸妈妈的奶水。
最初的一段时间里，它一天最多能喝掉 11 升奶。小象会一直处于整个雌象群的保护下，
年轻的雄象直到 14 岁左右才会离开象群。

猩猩

猩猩在马来语和印尼语中叫作 orang-utan，意思是 "森林中的人"。
这些体形庞大的灵长类动物会在树上度过一生。它们彼此之间会保持一定距离，
用叫声来进行交流。在猩猩群体中，雄性占据主导地位，它们体形庞大，
脸上长有厚厚的肉垫。而雌性体形较小，一生只会孕育两到三只宝宝。

总是抱着自己的孩子

雌性猩猩怀胎九个月后，宝宝出生。

接下来的八年，雌性猩猩都会照顾孩子：喂食、梳毛、拥抱、亲吻。

最开始，小猩猩总是抓着妈妈的毛发，待在妈妈身上。

但随着一天天长大，它也会开始独自去附近的树上玩耍。

miǎn
非洲冕豪猪

非洲冕豪猪是非洲体形最大、体重最重的啮齿类动物。
它的棘刺又长又锋利，最长可达 30 厘米！掉落后还会重新长出来。
雄性和雌性的非洲冕豪猪会结成一生的伴侣，一家子生活在地洞中，每年生一至三个宝宝。

生下小小的宝宝

当非洲冕豪猪宝宝刚出生时，体重只有约 400 克，长着短短的毛和柔软的刺。
它们的刺在两周后才会变硬，等到这时才会离开地洞。非洲冕豪猪妈妈负责喂食，
而爸爸负责保护孩子们不受伤害。非洲冕豪猪宝宝会在两岁时发育成年。

长颈鹿

长颈鹿的脖子和腿都很长，是陆地上最高的哺乳动物。
雌性长颈鹿与幼崽会以小群体的形式生活在一起。
而雄性会在不同的群体间游荡，
通过嗅闻雌性的尿液，来判断雌性是否准备交配。
雌性长颈鹿的孕期长达一年以上。

出生时从高处坠落

雌性长颈鹿分娩时是保持站立的，小长颈鹿会直接从大约 2 米的高处掉落下来。
听起来好像跌得很惨！不过，长颈鹿宝宝的韧性非常好，一般不会受伤。出生一小时后，
小长颈鹿已经能够独自站立了。接下来的三周，它会一直躲在高高的草丛中，
等着母亲来给自己喂食。然后，它便会在一头雌性长颈鹿的护送下，
加入到其他同龄小长颈鹿的群体当中。

花豹

这种大型猫科动物非常好辨认，它们浑身布满黑色环斑，所以又被称为金钱豹。
花豹是独居动物，只有在雌豹发情时，雄豹才会接近雌豹，进行交配。
雄性花豹的体形比雌性花豹要大上很多，以至于在很长一段时间里，
人们都把它们当作是两种不同的品种。

天生就有斑纹

怀孕三个月之后，花豹妈妈就会生下大约三只小豹子。刚出生时，它们的眼睛看不见东西，
但身上已经长出了毛，约有 500 克重。当花豹宝宝像小猫咪一样打闹嬉戏时，
雌豹会在一旁看护着，并时刻提防着狒狒或豺狗的攻击。
等长到三四个月大的时候，小花豹就能够跟随母亲一起打猎了。

同系列作品

《呀！蔬菜水果》

《来！认识身体》

《动物请回答：你吃什么？》

《动物请回答：你住哪里？》

图书在版编目（CIP）数据

动物请回答. 你怎么出生的？ / （法）弗朗索瓦兹·
德·吉贝尔，（法）克莱蒙斯·波莱特著；刘雨玫译；
浪花朵朵编译 -- 石家庄：花山文艺出版社，2020. 10（2022.8重印）
ISBN 978-7-5511-0207-0

Ⅰ. ①动… Ⅱ. ①弗… ②克… ③刘… ④浪… Ⅲ.
①动物—少儿读物 Ⅳ. ①Q95-49

中国版本图书馆CIP数据核字(2020)第166986号
冀图登字：03-2020-073

Dis, comment tu nais ?
By Françoise de Guibert and Clémence Pollet
©2019, Éditions de La Martinière, 57 rue Gaston Tessier, 75019 Paris
Current Chinese translation rights arranged through Divas International, Paris
巴黎迪法国际版权代理（www.divas-books.com）

本书中文简体版权归属于银杏树下（北京）图书有限责任公司

书　名：**动物请回答：你怎么出生的？**
　　　　Dongwu Qing Huida Ni Zenme Chusheng De
著　者：［法］弗朗索瓦兹·德·吉贝尔　　［法］克莱蒙斯·波莱特
译　者：刘雨玫　　　　　　　　　　编　译：浪花朵朵

选题策划：北京浪花朵朵文化传播有限公司　　　出版统筹：吴兴元
编辑统筹：冉华蓉　　　　　　　　　　　　　　责任编辑：温学蕾
责任校对：李　伟　　　　　　　　　　　　　　特约编辑：黄逸凡
美术编辑：胡彤亮　　　　　　　　　　　　　　营销推广：ONEBOOK
装帧制造：墨白空间·严静雅
出版发行：花山文艺出版社（邮政编码：050061）
　　　　　（河北省石家庄市友谊北大街330号）
印　　刷：雅迪云印（天津）科技有限公司　　　经　销：新华书店
开　　本：889 毫米 × 1194 毫米　1/24　　　印　张：4
字　　数：50 千字
版　　次：2020 年 10 月第 1 版
　　　　　2022 年 8 月第 2 次印刷
书　　号：ISBN 978-7-5511-0207-0　　　　　定　价：49.80 元

读者服务：reader@hinabook.com 188-1142-1266
投稿服务：onebook@hinabook.com 133-6631-2326
直销服务：buy@hinabook.com 133-6657-3072
官方微博：@浪花朵朵童书